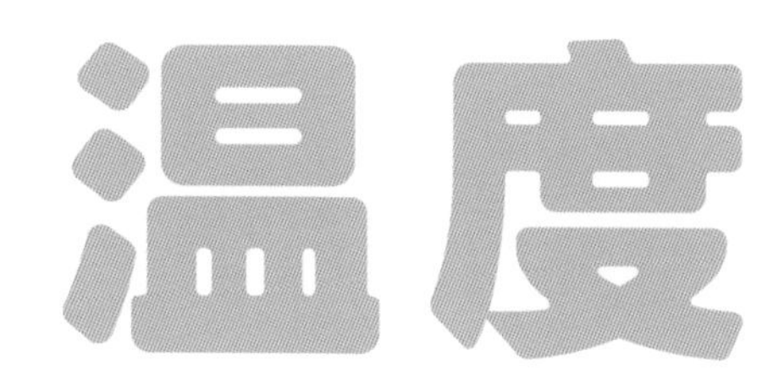

庄婧 著 大橘子 绘

九州出版社
JIUZHOUPRESS

图书在版编目（CIP）数据

这就是天气. 4, 这就是温度 / 庄婧著 ; 大橘子绘
. -- 北京 : 九州出版社, 2021.1
ISBN 978-7-5108-9712-2

Ⅰ. ①这… Ⅱ. ①庄… ②大… Ⅲ. ①天气一普及读
物 Ⅳ. ①P44-49

中国版本图书馆 CIP 数据核字 (2020) 第 207929 号

目录

什么是温度

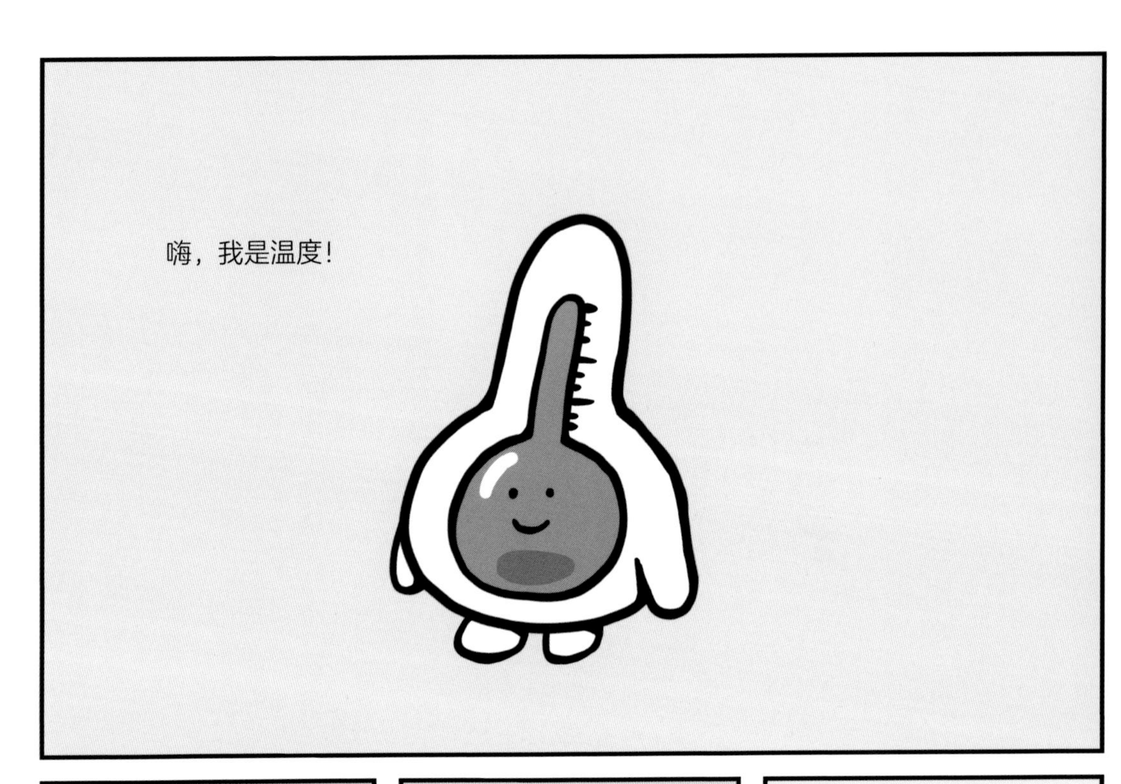

人体感受温度通常都有一个
舒适的区间。

冬季 18~20℃。
夏季 25~27℃。

洗澡水 35~39℃。

泡脚 40~50℃。

泡绿茶 70~80℃。

如何测量温度

我会魔法，有时你们觉得看不透我。
??

在不同的地方遇到我，你们的感受截然不同。

为了识破我的魔法，人们想了很多办法，比如温度计、水温计等。

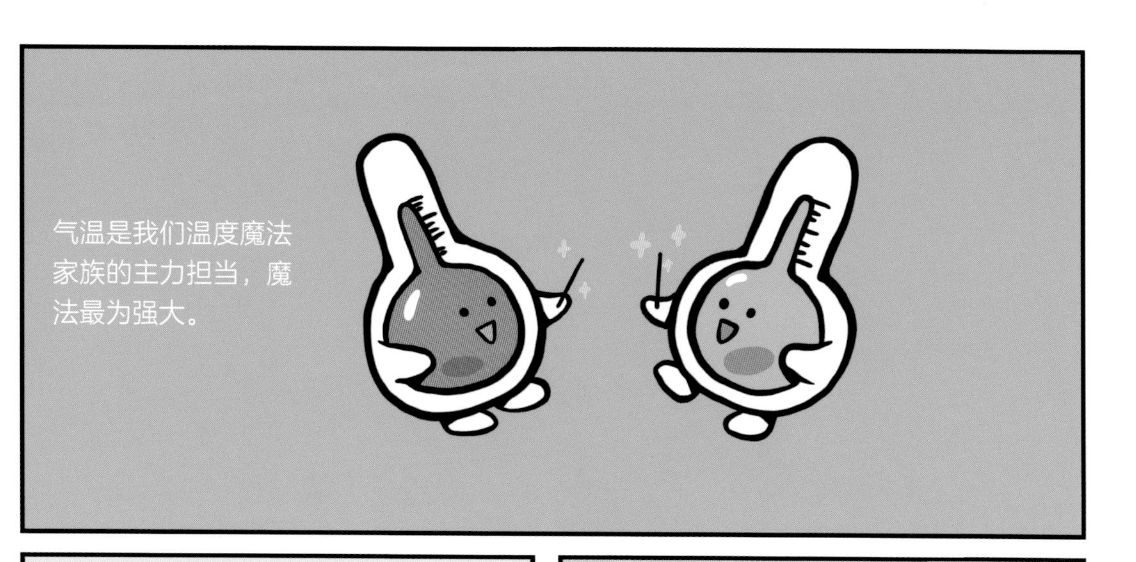

气温是指空气的温度，在气象界有非常重要的地位。

气温计可以识别魔法，但是受阳光照射时，气温计也会吸收太阳热量，使得它的读数高于实际数值，所以通常把气温计安置在一个通风良好的白色箱子中，这个箱子就是百叶箱。

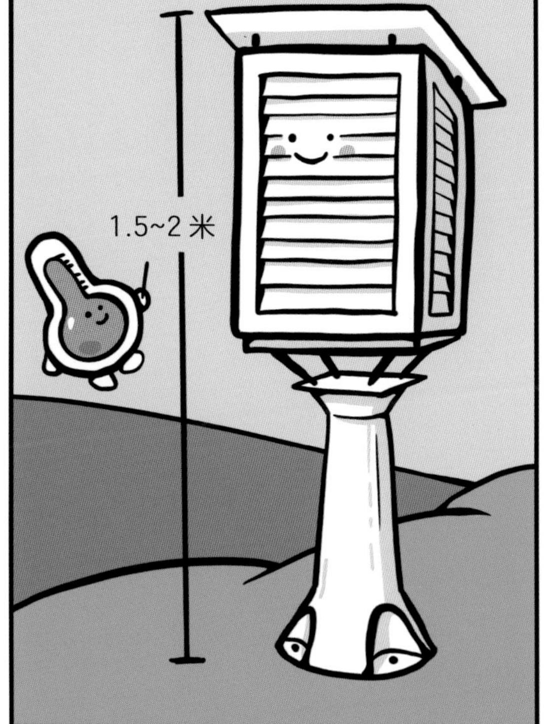

大气温度

大气分为很多层，其中对流层和平流层是你们人类的主要活动区域。
展示一下我神奇的魔法：对流层气温随高度增加而降低（每升高 100 米，气温下降 0.6℃），平流层气温则随高度增加而缓慢增加。
平流层
对流层

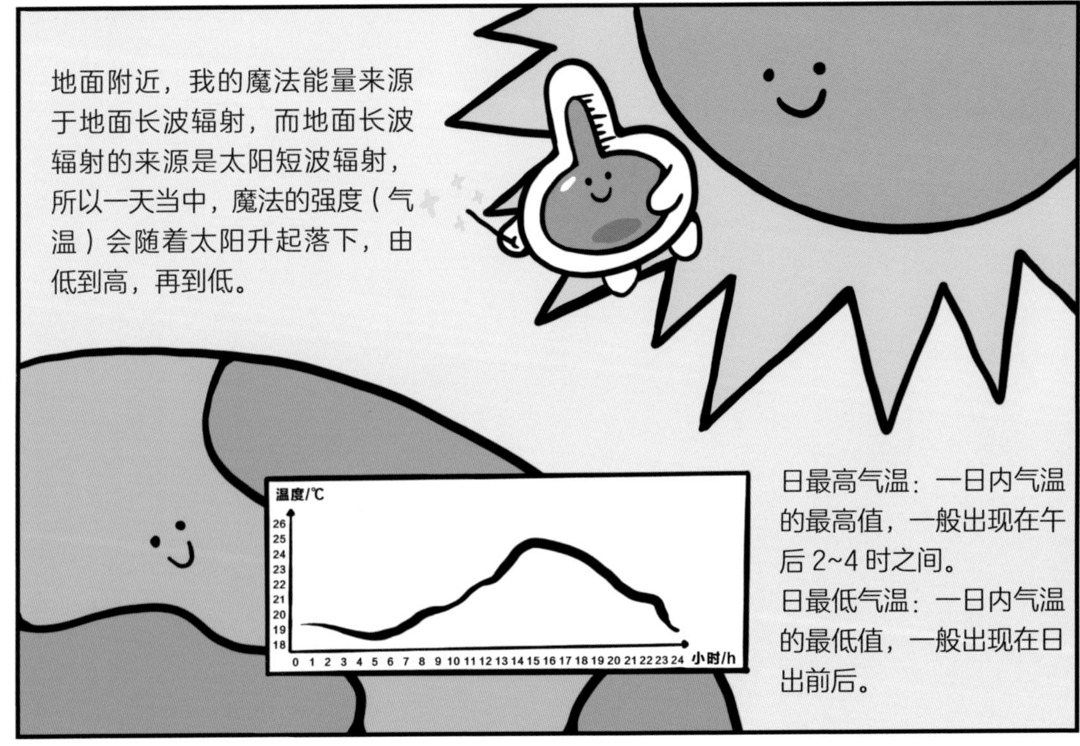

地面附近，我的魔法能量来源于地面长波辐射，而地面长波辐射的来源是太阳短波辐射，所以一天当中，魔法的强度（气温）会随着太阳升起落下，由低到高，再到低。
温度/℃
26
25
24
23
22
21
20
19
18
0 1 2 3 4 5 6 7 8 9 10 11 12 13 14 15 16 17 18 19 20 21 22 23 24
小时/h
日最高气温：一日内气温的最高值，一般出现在午后 2~4 时之间。
日最低气温：一日内气温的最低值，一般出现在日出前后。

一年当中的气温最低点出现在冬季。
最高点出现在夏季。

由于海洋和陆地的热力性质不同，所以我的魔法在海洋这里，反应要比陆地慢一拍。最高、最低点出现的时间往往要比陆地滞后一个月。

季节上，北半球与南半球相反。所以北半球最热的时候，也是南半球最冷的时候。

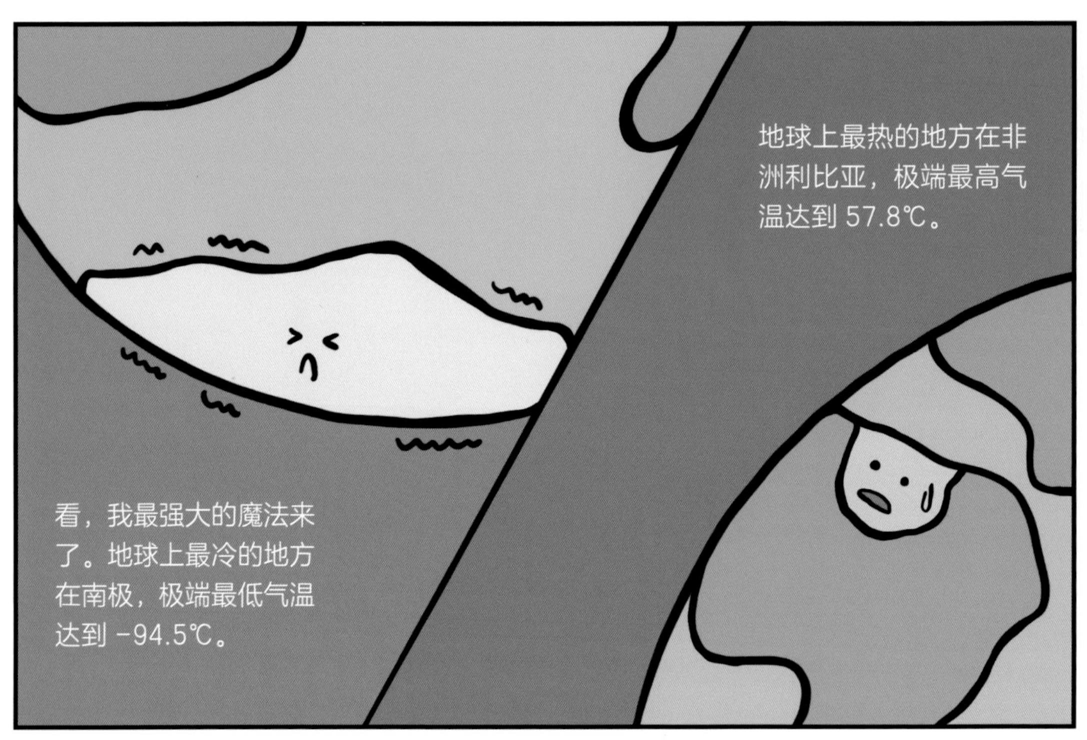
看，我最强大的魔法来了。地球上最冷的地方在南极，极端最低气温达到 -94.5℃。
地球上最热的地方在非洲利比亚，极端最高气温达到 57.8℃。

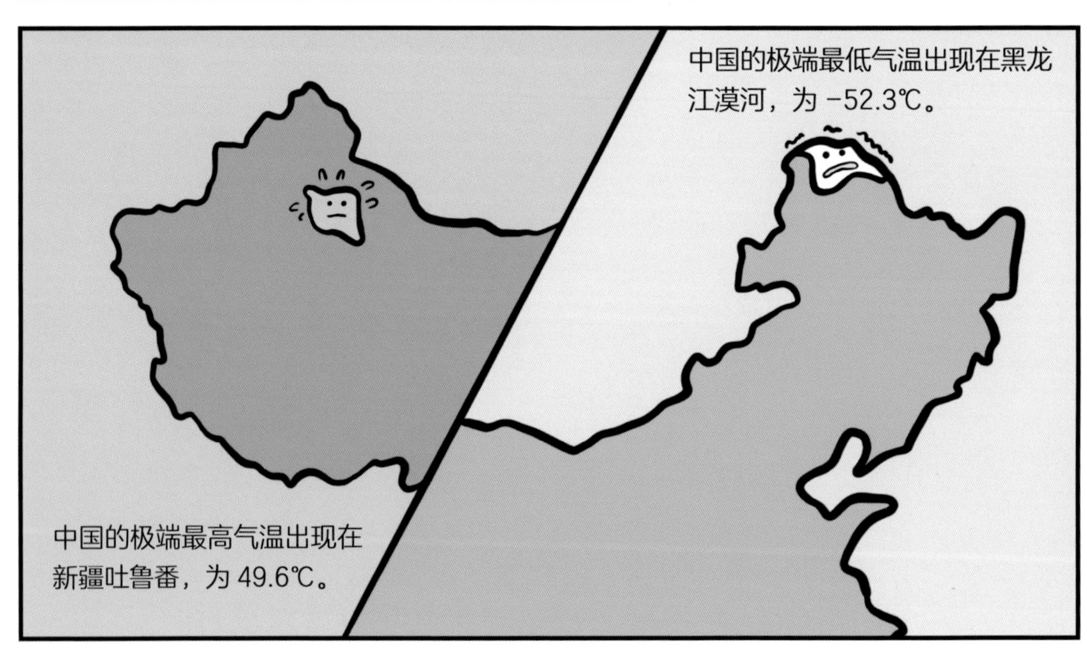
中国的极端最高气温出现在新疆吐鲁番，为 49.6℃。
中国的极端最低气温出现在黑龙江漠河，为 -52.3℃。

季节和气温

我国是季风国家，大部分地区四季分明。但也有一些地方一年中季节变化小，只有一两个季节。

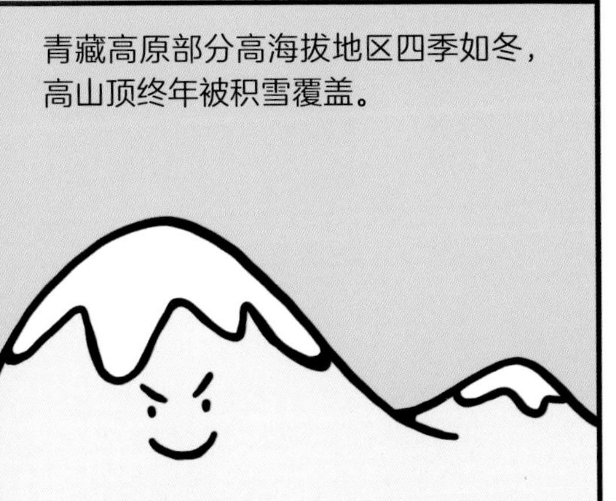
青藏高原部分高海拔地区四季如冬，高山顶终年被积雪覆盖。

海南岛南部四季如夏。华南岭南地区三冬无雪，四时有花。

新疆北部及黑龙江北部、内蒙古东北部夏季很短暂，冬季很漫长。

而云南隆冬不寒，盛夏不热，常年日均温在 10~22℃之间，省会昆明素有“春城”之称。

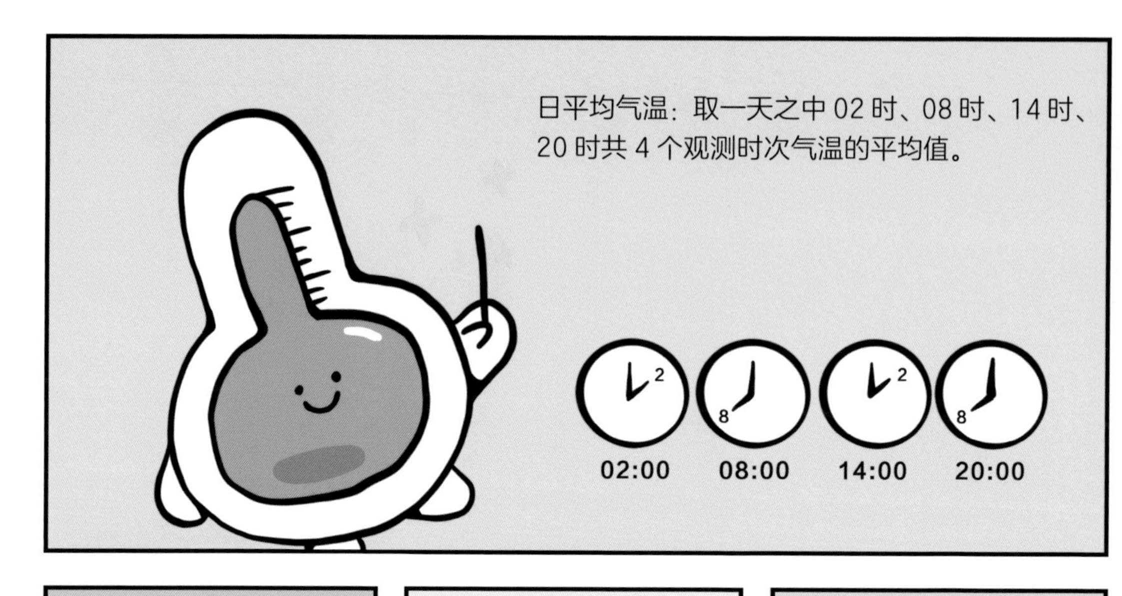
日平均气温：取一天之中 02 时、08 时、14 时、20 时共 4 个观测时次气温的平均值。
02:00
08:00
14:00
20:00

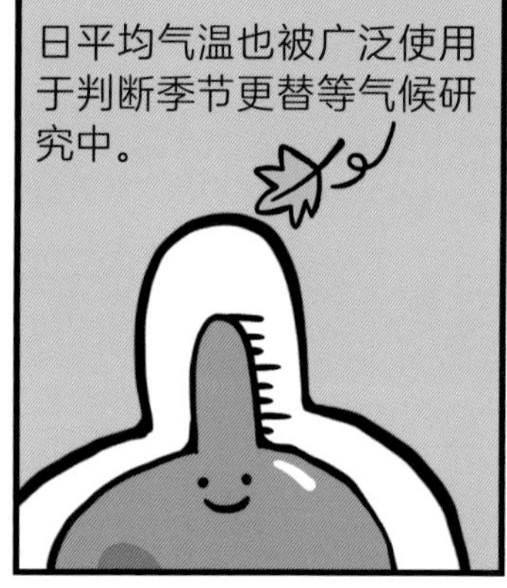
日平均气温也被广泛使用于判断季节更替等气候研究中。

日平均气温滑动平均值稳定在10℃以下为冬季。

日平均气温滑动平均值稳定在 22℃以上为夏季。

日平均气温滑动平均值稳定在 10~22℃之间，上半年为春季，下半年为秋季。

一切都在魔法棒的指挥下，有条不紊地运转。

温度多变的春天

我有一个又爱又怕的对手：冷空气。它常让我出现非常大的魔法波动，比如说春季时它就经常来影响我。

在春天，一旦冷空气出现，就会使我的魔法出现很大变动。这个时候人们就会一会儿穿半袖，一会儿穿棉衣。

正常情况下，我每天的魔法轨迹是完整的。冷空气来的时候，我会直接滑下来，所以你们会觉得，有时候下午还不如早晨暖和。

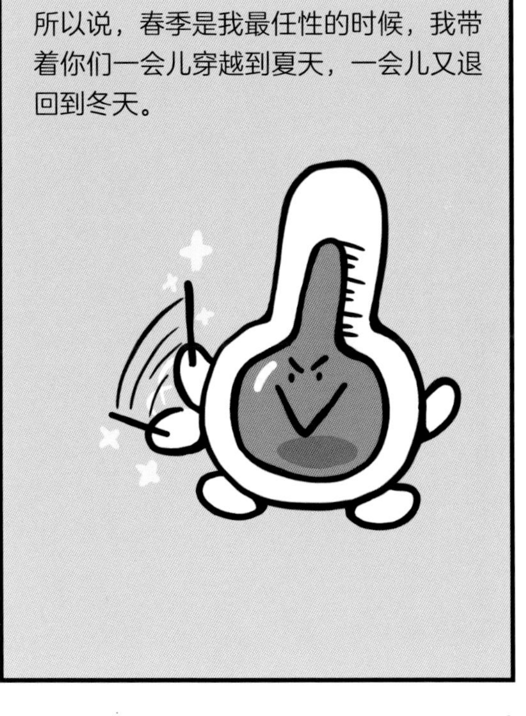
所以说，春季是我最任性的时候，我带着你们一会儿穿越到夏天，一会儿又退回到冬天。

由于我的多变，导致春天也是你们最纠结穿什么衣服的时候。人们常说“二八月，乱穿衣”的现象，往往出现在春季。

昼夜温差大是春季的典型特点。

新疆吐鲁番地区昼夜温差大，利于水果积累糖分，所以特别甜。

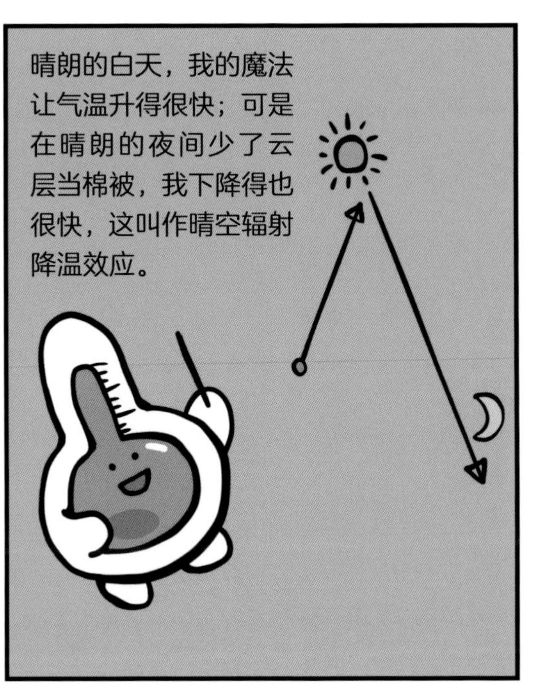
晴朗的白天，我的魔法让气温升得很快；可是在晴朗的夜间少了云层当棉被，我下降得也很快，这叫作晴空辐射降温效应。

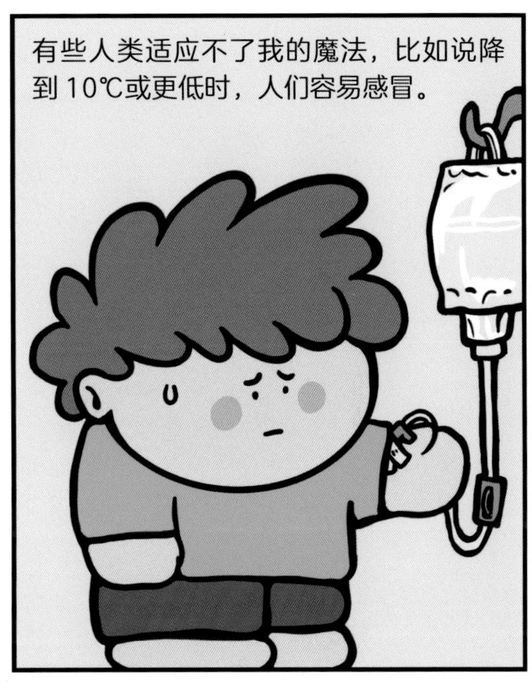
有些人类适应不了我的魔法，比如说降到10℃或更低时，人们容易感冒。

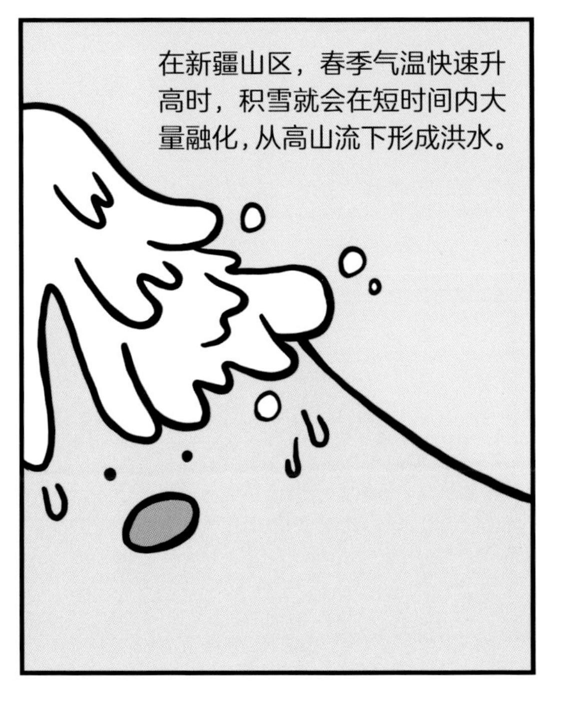
在新疆山区，春季气温快速升高时，积雪就会在短时间内大量融化，从高山流下形成洪水。

华南地区，则会出现墙壁滴水的回南天。

热情高涨的夏天

要是我对你热情起来，
你绝对吃不消。
日最高气温达到35℃以上，即可称为高温。

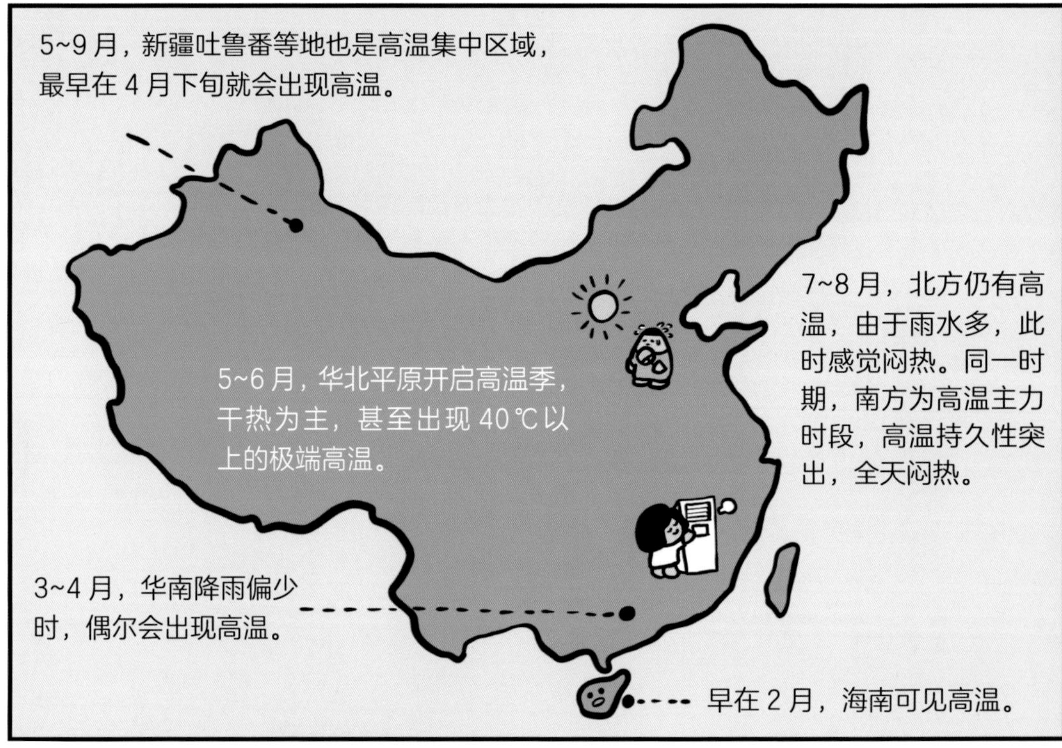
5~9月，新疆吐鲁番等地也是高温集中区域，最早在4月下旬就会出现高温。
5~6月，华北平原开启高温季，干热为主，甚至出现40℃以上的极端高温。
7~8月，北方仍有高温，由于雨水多，此时感觉闷热。同一时期，南方为高温主力时段，高温持久性突出，全天闷热。
3~4月，华南降雨偏少时，偶尔会出现高温。
早在2月，海南可见高温。

白天的最高气温达到37℃或以上，便是酷热天气了。

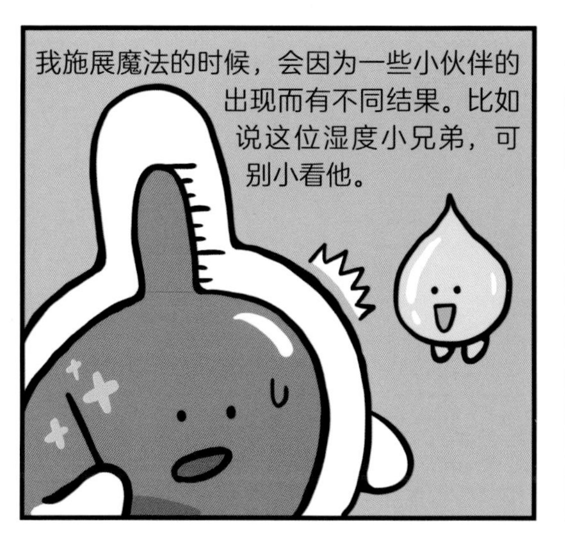
我施展魔法的时候，会因为一些小伙伴的出现而有不同结果。比如说这位湿度小兄弟，可别小看他。

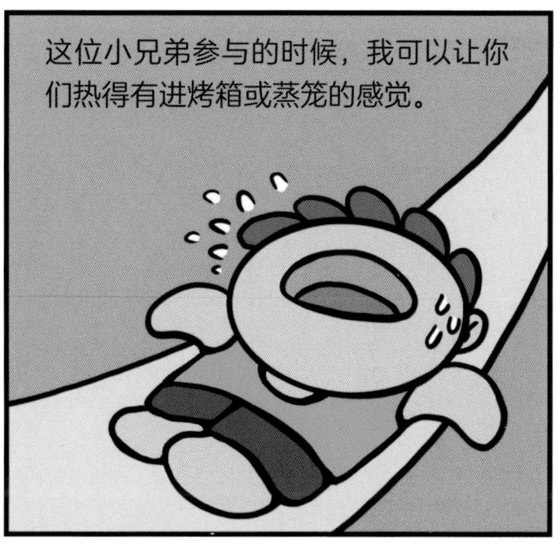
这位小兄弟参与的时候，我可以让你们热得有进烤箱或蒸笼的感觉。

干热：晴朗暴晒，空气相对湿度低，避开阳光，体感相对舒适。

闷热：晴或多云，空气相对湿度较高，热得如同蒸桑拿，体感温度要高于气温。

你们有时会觉得天气预报里的气温数值好像不准，跟实际感受完全不同，这是体感温度不同导致的。

火炉诞生记

人们根据夏季的炎热程度，评选出了火炉城市！
年均高温总日数 TOP5
福州
重庆
长沙
杭州
海口

生活在火炉里是
什么体验？

你们老说热在三伏，其实，我的魔法入伏前就开始啦。
北方多地入伏前就已经开启高温季。
济南
北京

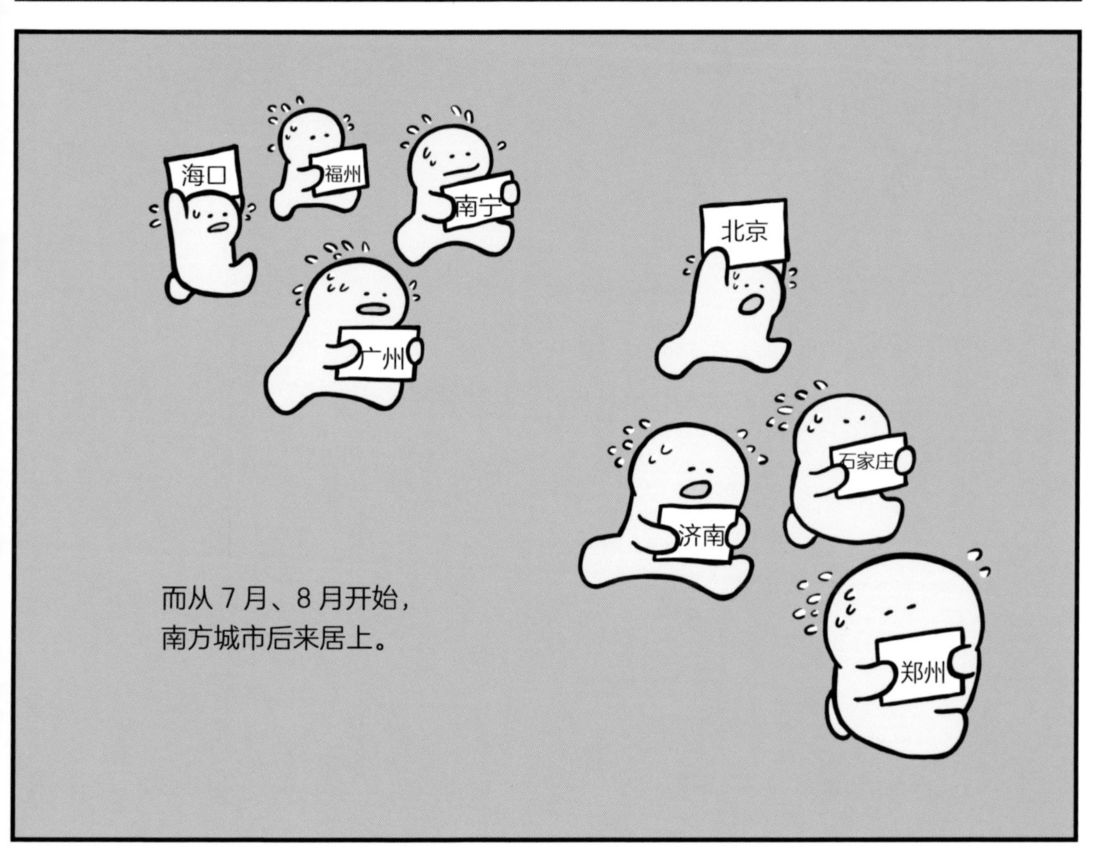
海口
福州
南宁
广州
北京
石家庄
济南
郑州
而从 7 月、8 月开始，
南方城市后来居上。

高温的危害和预防

温度	人体反应
30℃	人体感觉冷热适中
33℃	汗腺开始启动
35℃	皮肤微微出汗
36℃	身体开始报警
38℃	多个脏器参与降温
39℃	汗腺濒临衰竭
40℃	大脑顾此失彼
41℃	严重危及生命

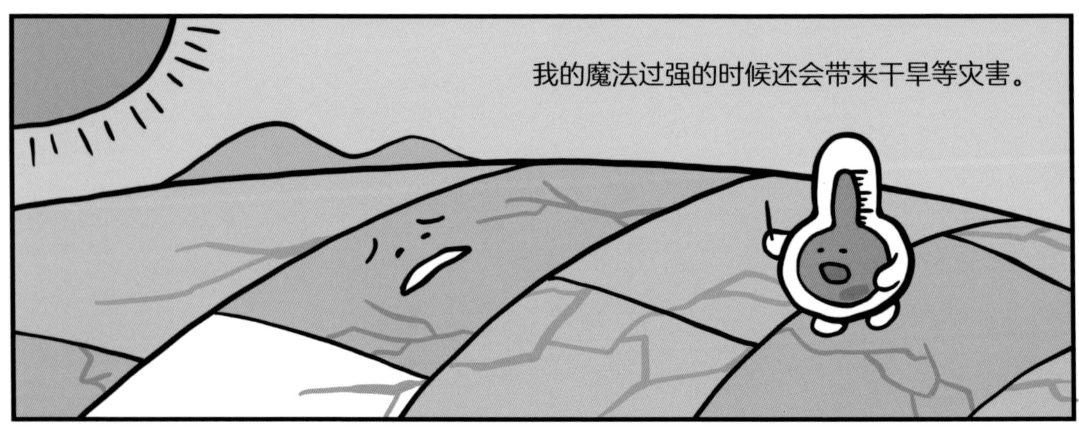

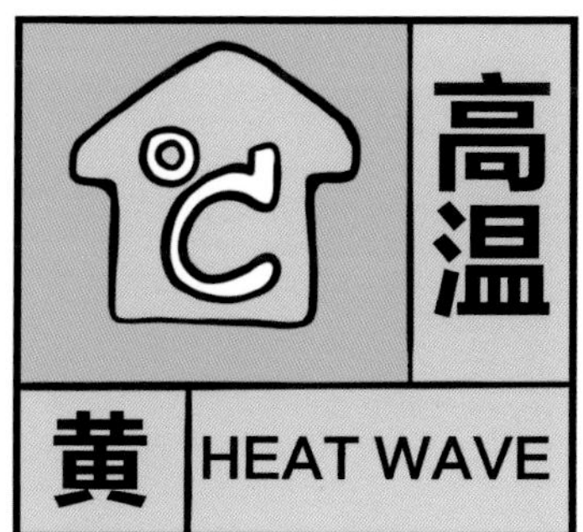

黄色预警信号：连续三天日最高气温将达到 35℃以上

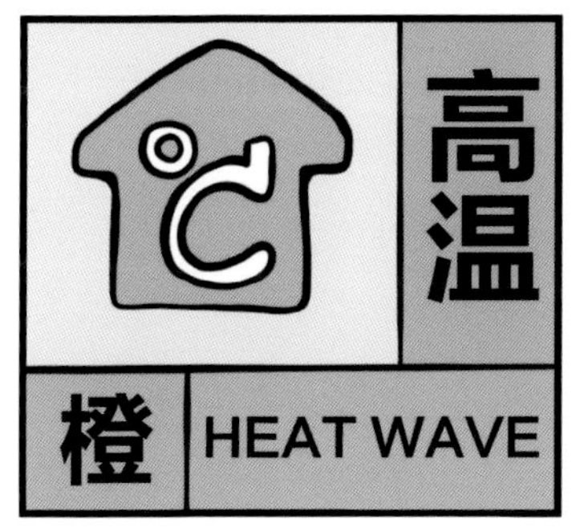

橙色预警信号：24 小时内最高气温将升至 37℃以上

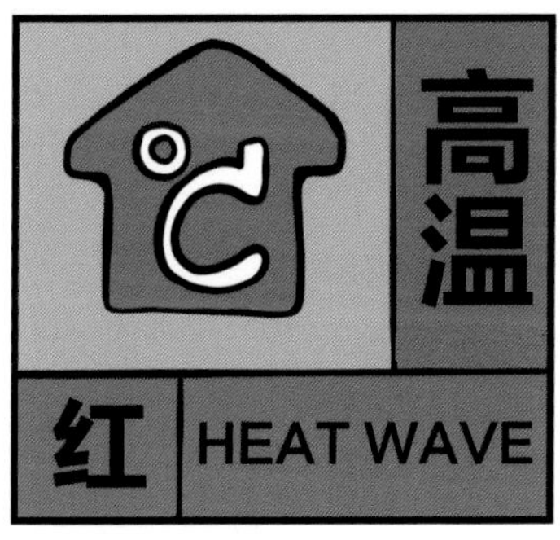

红色预警信号：24 小时内最高气温将升至 40℃以上

高温防御指南

寒潮出没的秋天

初秋高温魔法开始减退，有时会有例外，本应该是喵，结果又变成虎。
“秋老虎”是一种民间叫法，通常指立秋之后又出现的炎热天气。

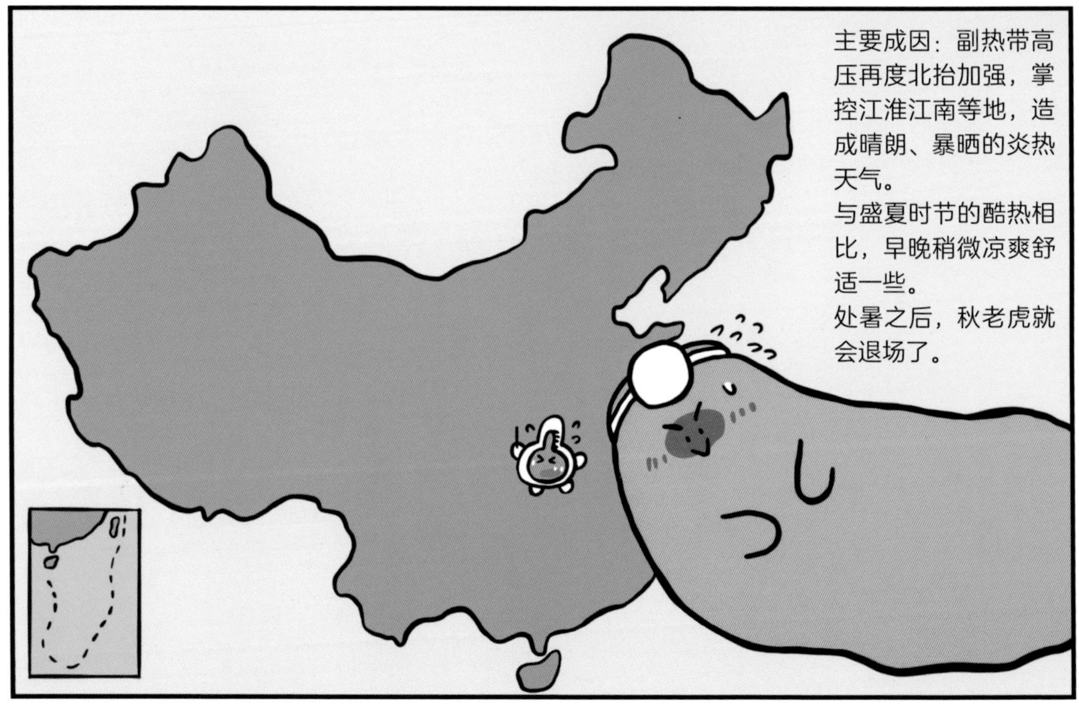

主要成因：副热带高压再度北抬加强，掌控江淮江南等地，造成晴朗、暴晒的炎热天气。
与盛夏时节的酷热相比，早晚稍微凉爽舒适一些。
处暑之后，秋老虎就会退场了。

秋天，我的心情最好，因为这是一年当中最美的季节。

气温、气压、湿度都适宜，蓝天白云，
天高云淡，能见度好，感觉极为舒适。
金秋时节，非常适合外出。

但秋高气爽之后，
我又要开始与冷
空气作战了。

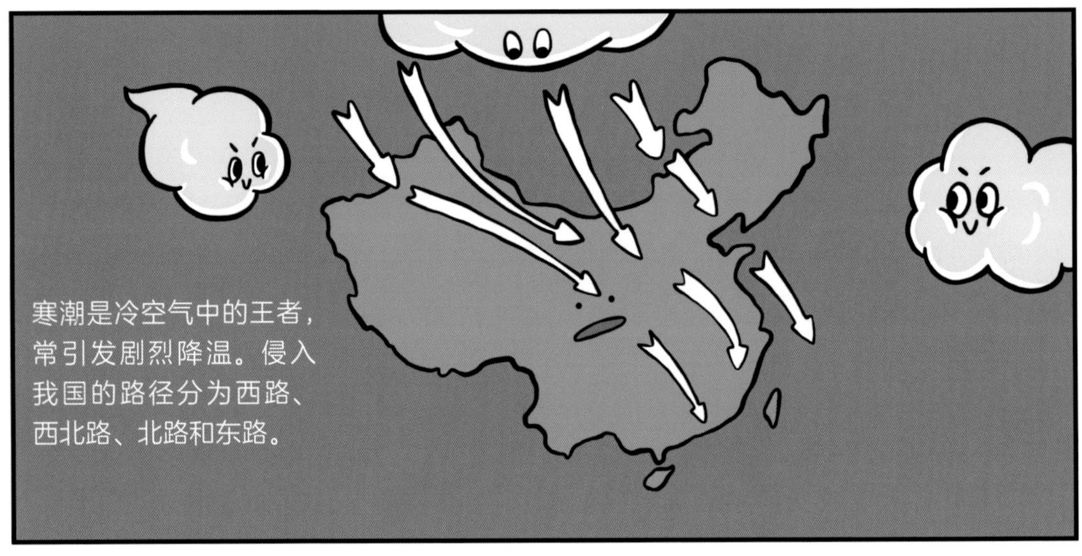
寒潮是冷空气中的王者，
常引发剧烈降温。侵入
我国的路径分为西路、
西北路、北路和东路。

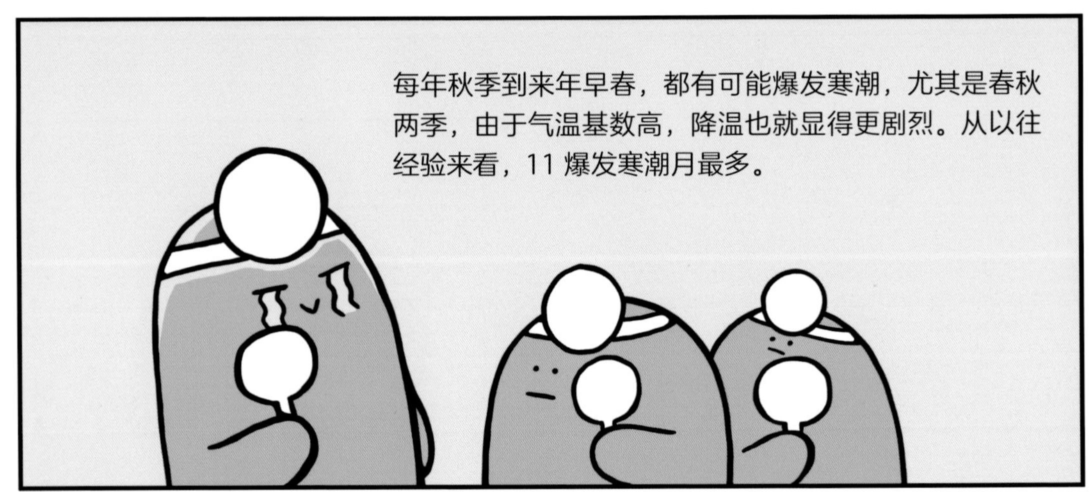
每年秋季到来年早春，都有可能爆发寒潮，尤其是春秋
两季，由于气温基数高，降温也就显得更剧烈。从以往
经验来看，11 爆发寒潮月最多。

温度低迷的冬天

冬季，最冷的时段
到来了。

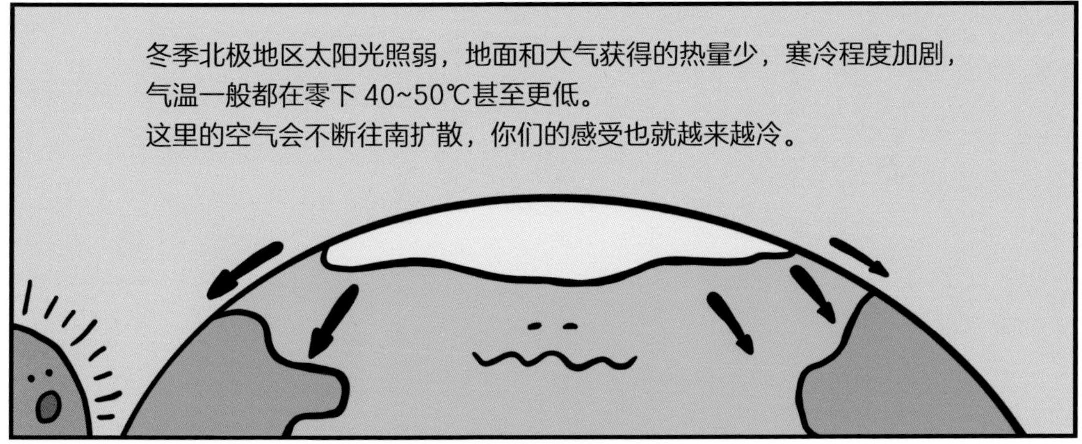
冬季北极地区太阳光照弱，地面和大气获得的热量少，寒冷程度加剧，
气温一般都在零下 40~50℃甚至更低。
这里的空气会不断往南扩散，你们的感受也就越来越冷。

冬季大家通常会有这样一
种感觉，大风天比静风的
时候更冷。

这个感觉其实是有科学依据的，我们称其为——
风寒效应

风速越大，人体散失的热量越快、越多，人也就感觉越寒冷。

举个例子说吧，在 3 级风时，人体感觉气温为 5℃的话，5 级风时就会感到气温像 0℃一样。

而当 7 级风时，人就会感觉到和 -3℃时相同。

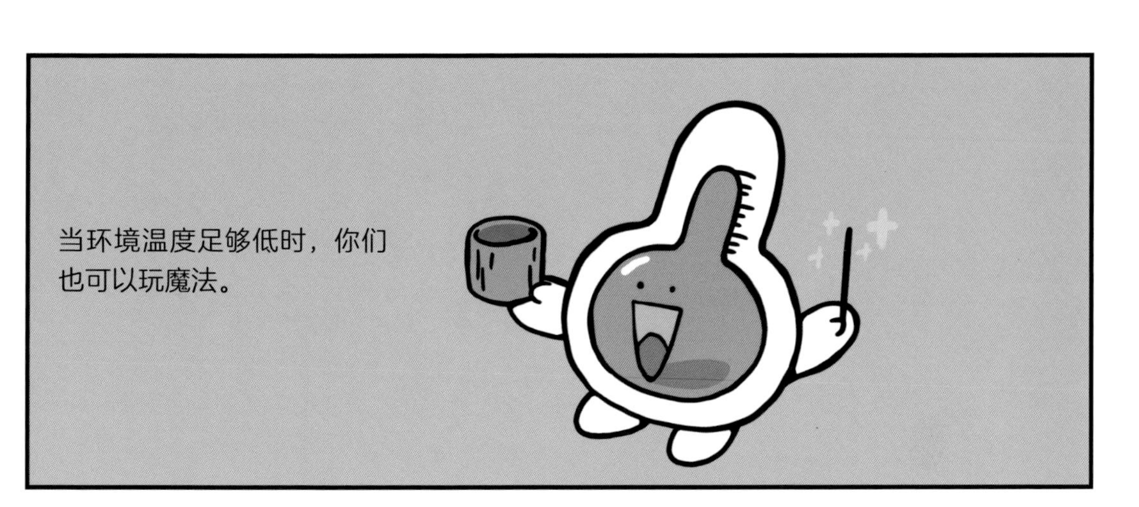
当环境温度足够低时，你们
也可以玩魔法。

零下 18℃是什么体验？想象一下长时间打
开冰箱冷冻室是什么感觉。

在严冬寒冷干燥的环
境中，泼出一杯滚烫
的开水，水滴和水雾
快速冻结。温度越低，
效果越好。
这就是“泼水成冰”。

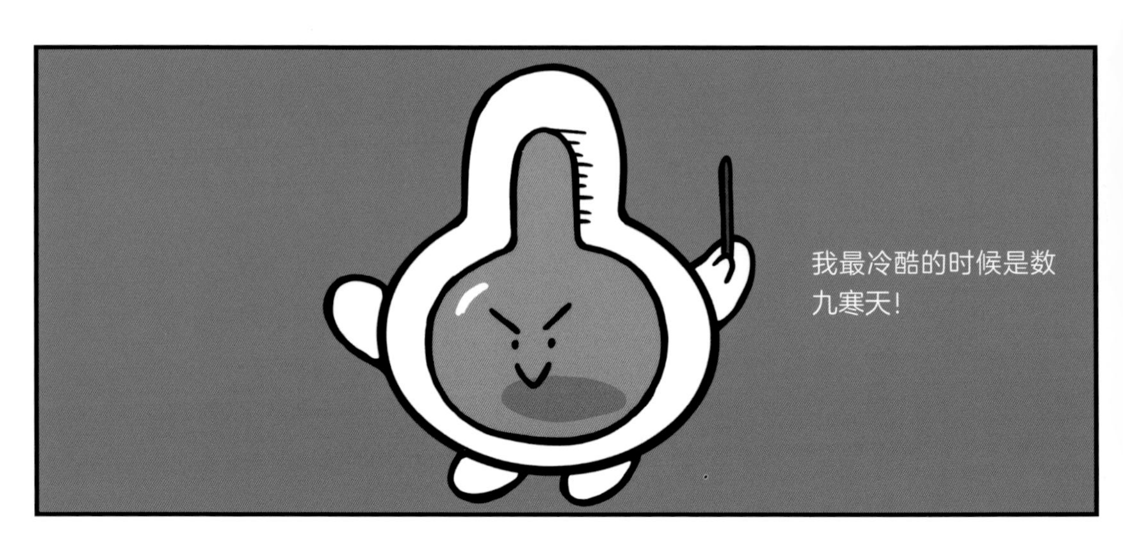
我最冷酷的时候是数九寒天！

我的热情你们吃不消，同样，我的冷酷，你们也难以忍受。这段时间，从冬至开始，长达九九八十一天。
81

三九稳居最冷次数榜榜首，四九五九紧随其后。

一九二九不出手。

三九四九冰上走。

五九六九沿河看柳。

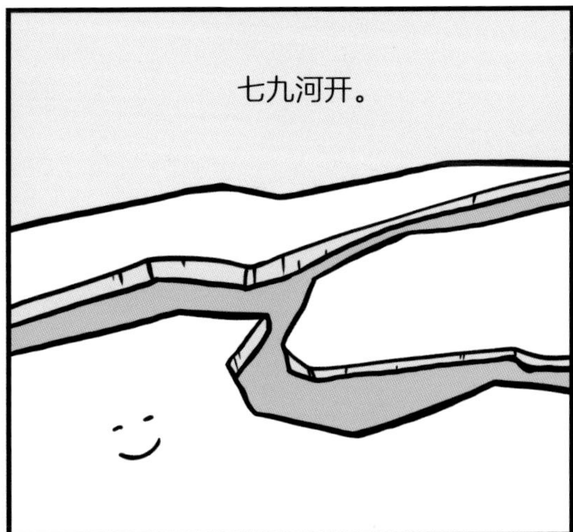
七九河开。

八九雁来。

九九加一九，耕牛遍地走。

露点温度

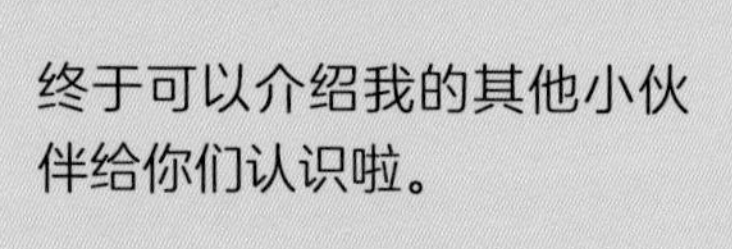

终于可以介绍我的其他小伙
伴给你们认识啦。

露点温度

反应空气中水汽含量
的物理量。

实际大气中，露点温度
要比气温低。露点温度
越高，水汽越多。

地表温度和土壤温度

地表温度
地表面与空气交界处的温度。
可用地表温度计进行测量。测
量时，温度计底部球面一半要
插入土中。
夏季出现高温天气时，地表温
度有时可达到 60℃以上。

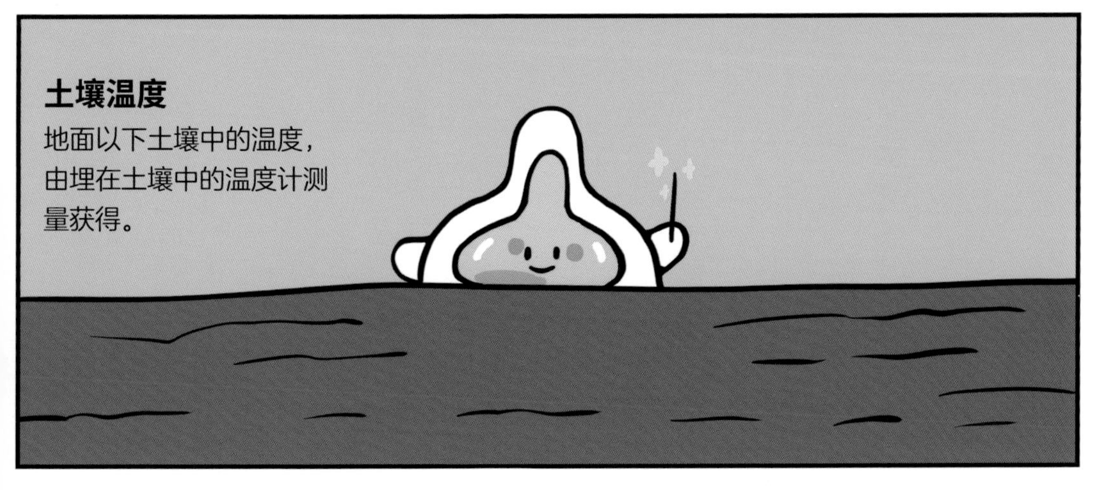

土壤温度
地面以下土壤中的温度，
由埋在土壤中的温度计测
量获得。

温室效应

19 世纪下半叶以来，人类活动增加了温室气体排放，使得温室效应不断加强。
全球经历着以气候变暖为突出标志的气候变化。

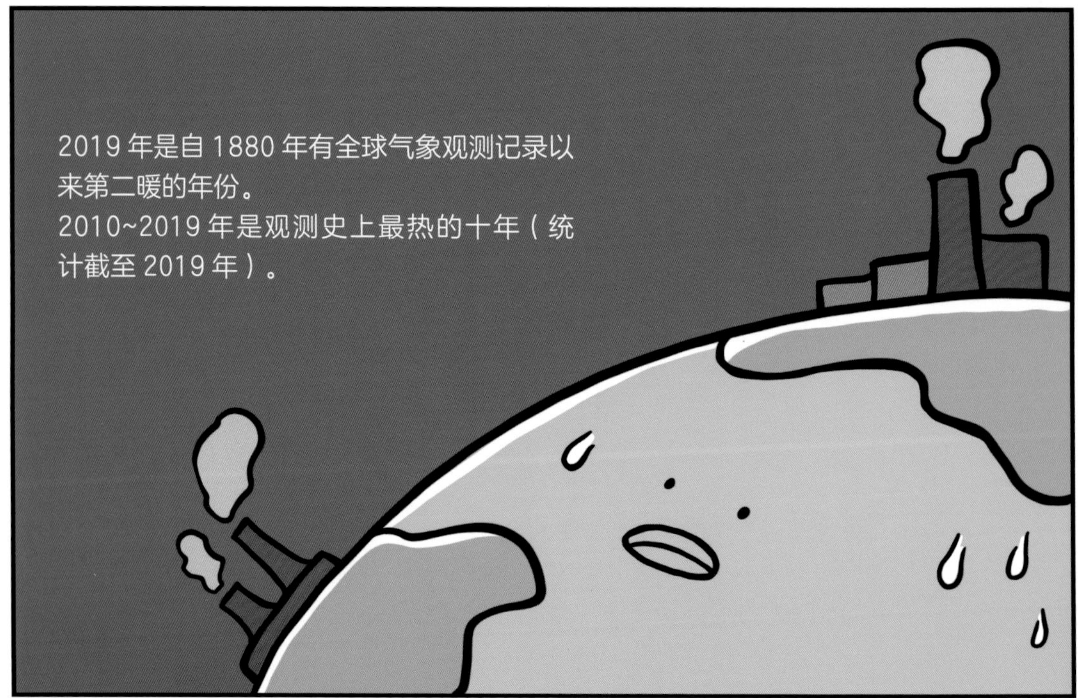
2019 年是自 1880 年有全球气象观测记录以来第二暖的年份。
2010~2019 年是观测史上最热的十年（统计截至 2019 年）。

陆地变暖比海洋明显，高纬度地区比中低纬度地区明显，冬季比夏季明显。
大家的直观感受就是暖冬越来越常见了，气温偏高，下雪也越来越少。

气候变暖使极端天气也变多了。
冬季偶尔会有极端寒潮出现，夏季高温热浪的时间也越来越长。

冰川消融，海平面平均每年上升约 4 毫米。

地球表面 71% 为海洋，洋
面的温度波动，会影响到全
球天气乃至气候的变化。

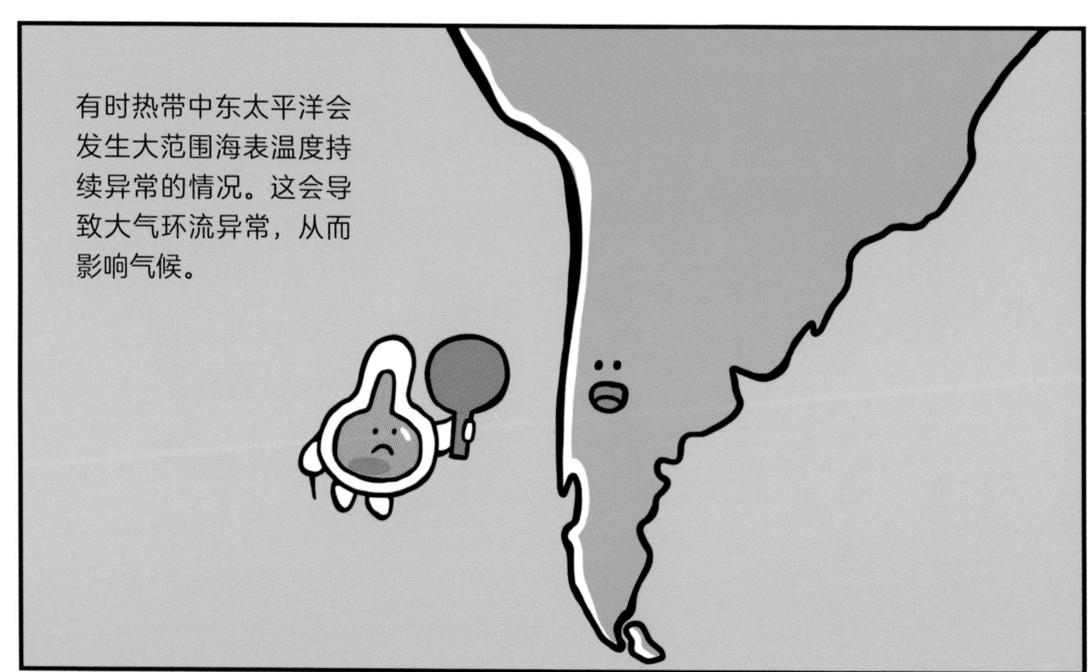
有时热带中东太平洋会
发生大范围海表温度持
续异常的情况。这会导
致大气环流异常，从而
影响气候。

热带中东太平洋海温持续偏
暖，会发生厄尔尼诺（西班
牙语，意为小男孩）现象。

厄尔尼诺和拉尼娜发生时，会
给全球许多地区带来灾害。
热带中东太平洋海温
异常偏冷，则容易发
生拉尼娜(西班牙语，
意为小女孩）现象。

词汇表

气温：气象学上表示空气冷热程度的物理量，是指在野外空气流通、不受太阳直射下测得的空气温度，一般在距离地面 1.5~2 米的高百叶箱内测定。我国标准气温度量单位是摄氏度（℃）。

日最高气温：一日内气温的最高值，一般出现在午后 2~4 时之间。

日最低气温：一日内气温的最低值，一般出现日出前。

日平均气温：指一天 24 小时的平均气温。常用 02 时、08 时、14 时和 20 时的气温做平均。

晴空辐射降温：晴朗的夜晚地面及其附近空气通过辐射长波辐射而冷却降温的现象。这种辐射降温在晴朗的夜间尤其明显，气温也下降得厉害。

高温：日最高气温达到 35℃以上的炎热天气。

酷热天气：日最高气温达到 37℃以上的炎热天气。

雨热同期：是一种气候现象，意思是降雨和高温季节是同步的。通常季风气候的显著特点就是雨热同期，气候炎热的同时降水量也非常的充沛。

体感温度：人体实际感受到的温度，有时比气温高，有时比气温低。受到湿度、风力等因素影响较大。

寒潮：来自高纬度地区的寒冷空气，向中低纬度地区侵入，造成沿途地区剧烈降温、大风和雨雪天气。这种冷空气南侵达到一定标准的就称为寒潮。

风寒效应：冬季寒冷天气中，大风天中感觉更冷。风力使得体感温度低于实际气温。

露点温度：一般指露点。在空气中水汽含量不变，保持气压一定的条件下，使空气冷却达到饱和时的温度。

地表温度：地表面与空气交界处的温度。可用地表温度计进行测量。

土壤温度：简称地温，是地表温度和地中温度的总称。由埋在土壤中的温度计测量获得。

厄尔尼诺与拉尼娜：有时热带中东太平洋，会发生大范围海表温度持续异常的情况。持续偏暖，为厄尔尼诺（西班牙语，意为小男孩）；持续偏冷，则为拉尼娜（西班牙语，意为小女孩）。